LES NOBLES

DE LA

PROVINCE DE CHAMPAGNE

SUIVIS DE LA LISTE DES FAMILLES
QUI N'ONT POINT ÉTÉ ADMISES PAR M. DE CAUMARTIN
LORS DE LA RECHERCHE EN 1666.

PARIS

CHAMPION, libraire, quai Malaquais, 15.
CHOSSONNERY, libraire, quai des Grands-Augustins, 17.
DELAHAYS, libraire, rue Casimir-Delavigne, 4 et 6.
A. GOUGY, libraire, rue Bonaparte, 20.
F. HENRY, libraire, Palais-Royal, galerie d'Orléans.

—

M D CCC LXXIV

BIBLIOTHÈQUE

DE

L'AMATEUR CHAMPENOIS

Tiré à 160 exemplaires numérotés :

120 sur papier vergé.
10 sur papier rose,
10 sur papier vélin,
20 sur papier chamois.

$\mathscr{N}^o$

Bibliothèque de l'Amateur Champenois.

LES NOBLES

DE LA

PROVINCE DE CHAMPAGNE

SUIVIS DE LA LISTE DES FAMILLES

QUI N'ONT POINT ÉTÉ ADMISES PAR M. DE CAUMARTIN

LORS DE LA RECHERCHE EN 1666.

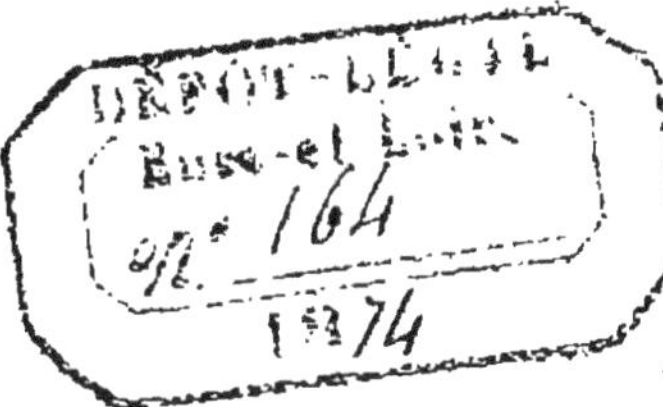

PARIS

CHAMPION, libraire, quai Malaquais, 15.
CHOSSONNERY, libraire, quai des Grands-Augustins, 47.
DELAHAYS, libraire, rue Casimir-Delavigne, 4 et 6.
A. GOUGY, libraire, rue Bonaparte, 20.
F. HENRY, libraire, Palais-Royal, galerie d'Orléans.

—

M D CCC LXXIV

AUX BIBLIOPHILES ET AUX LECTEURS

DE LA CHAMPAGNE.

De tous les titres de noblesse il ne reste guère plus aujourd'hui que des souvenirs glorieux ou honorables aux familles qui peuvent justifier de leur affiliation à cette race qui se prévalait au bon vieux temps de ses priviléges et qui se permettait trop souvent de toiser fièrement les roturiers. Mais si beaucoup de nobles ont acquis leur titre par la force brutale, par la vigueur de leurs bras, dans des siècles où les lois divines elles-mêmes étaient violées, combien cependant se sont montrés dignes de notre respect, de notre admiration par les services qu'ils ont rendus à leur pays, par leurs talents ou par leurs vertus ! Il faut même croire que le titre de noble, d'écuyer exerçait un certain prestige sur les masses, car nulle part plus qu'en Champagne se sont rencontrés des usurpateurs qui n'ont pas craint de faire fabriquer de faux titres, quoiqu'à une époque il ne fût personne dans une position aisée qui ne pût obtenir de lettres d'anoblissement.

J'ai pensé qu'il serait utile de donner une fois par ordre alphabétique la liste des nobles

désignés dans le Procès-verbal imprimé à Chaa-
lons, chez Senouze, d'y joindre celle des familles admises par Larcher et ajoutées dans l'armorial de Chevillard et Dubuisson et de termi-
miner par celle des familles qui n'ont point été
admises lors de la recherche de 1666. Cette der-
nière liste provient du cabinet du généalogiste
Lainé et appartient à la bibliothèque de Troyes
qui la conserve parmi ses manuscrits.

Je suis loin de prétendre que ces dernières familles aient voulu se parer de titres pour se
soustraire à la taille, car on sait que plusieurs
d'entre elles intentèrent des procès et les ga-
gnèrent. J'ai voulu prouver seulement à mes lec-
teurs que la Champagne avait compté plus de
487 familles nobles au temps de M. de Caumartin.
Sur ce, que chacun en prenne ce qu'il voudra,
qu'il se fasse duc, baron ou comte, je ne m'y
oppose pas; j'ai même la faiblesse d'avouer que,
malgré leurs titres plus ou moins contestables,
beaucoup de familles ont de légitimes droits à
notre respect, car bien peu de gens aujourd'hui
pourraient exhiber de vieux parchemins qui
constatent une assez belle origine dès 1600.

Alexandre ASSIER.

Courbevoie, 20 septembre 1874.

INTRODUCTION.

Beaucoup de personnes s'imaginent que les titres de
noblesse n'appartenaient qu'aux guerriers qui s'em-
parèrent de nos bourgs et de nos villes et qui nous
imposèrent leur pouvoir plus ou moins despotique.
Mais on sait que dès le xive siècle la royauté ne se fit
aucun scrupule de satisfaire l'ambition des roturiers,
c'est-à-dire de leur donner des dispenses en vertu
desquelles tout homme libre pouvait acquérir des
biens nobles pour en jouir immédiatement et se faire
armer chevalier. Charles-le-Bel alla même jusqu'à
donner des lettres d'anoblissement à son ménestrel
Pierre Touset pour le récompenser d'avoir su charmer
ses oreilles royales (1). En acquittant certaine finance,
il arriva quelquefois qu'on passa sur les enquêtes
d'origine et que de faux titres fabriqués par d'habiles
calligraphes furent admis comme authentiques, car
créées pour démolir la noblesse féodale et pour remplir
les coffres de certains rois, les lettres d'anoblissement
finirent par devenir une véritable mesure fiscale.

On a prétendu que les femmes nobles jouissaient,
en vertu d'anciennes coutumes locales, du privilége
singulier de transmettre la noblesse de leur chef soit
à leurs enfants, soit à leurs époux. On a même sou-
tenu qu'une fille noble épousant un roturier dans les

(1) *Étude sur les lettres d'anoblissement,* par Anatole de Barthélemy,
Paris, 1869, in-8.

anciens bailliages de Chaumont, de Vitry, de Troyes, de Meaux et de Sens donnait de plein droit à ses fils la qualification d'*écuyer* et le pouvoir de prendre des armoiries. Mais aujourd'hui M. Anatole de Barthélemy a démontré, malgré les assertions de M. P. Biston (1), que la noblesse utérine en Champagne n'a jamais légalement existé et que l'histoire de l'héroïque Musnier est une fable inventée par quelques Champenois pour se donner des titres de noblesse. Et en effet, lorsque les préposés à la recherche des faux nobles contestèrent la qualité d'écuyer à ceux qui se prétendaient nobles par leurs mères, ceux-ci n'invoquèrent que de vieilles coutumes par lesquelles il leur était permis de s'intituler *écuyers*, seulement pour se distinguer des roturiers et se gardèrent bien de parler de la fameuse bataille de Fontanet *et des* priviléges concédés par le roi Thibaut, car leur noblesse utérine n'était réellement que synonyme de franchise (2).

Au paragraphe 15 du chap. 45 *des coutumes du Beauvoisis*, par Philippe de Beaumanoir, on lit ce qui suit :

« Et quant le mère est gentil feme et li pères ne l'est pas, li enfant ne poent estre chevalier (3). »

Eusèbe de Laurière, dans son *Dictionnaire de droit français*, rapporte que le roi Charles V, par son ordonnance du 15 novembre 1370, ne reconnut point

(1) *De la noblesse maternelle en Champagne*, Châlons, 1850.

(2) *Recherches sur la noblesse maternelle*, par Anatole de Barthélemy, Paris, 1861, in-8.

(3) Edition Beugnot, Paris. 1842, t 11, p. 223.

la noblesse utérine et que le *ventre* ne donnait que le pouvoir de posséder des fiefs (1).

Le *Répertoire universel et raisonné de jurisprudence* contient en outre plusieurs arrêts de la cour des Aides qui condamnent certains personnages à payer la taille, « nonobstant la noblesse de leurs mères et la disposition de la coutume (2). »

Grosley, dans ses *Recherches sur la noblesse de Champagne*, va même jusqu'à prétendre que les comtes auraient toléré la noblesse utérine pour favoriser le commerce, et que les nobles ruinés par les croisades ou par d'autres guerres se seraient assis de bonne grâce au comptoir pour reconquérir quelque fortune et remplir l'escarcelle de leurs souverains. Mais Grosley a commis tant d'erreurs dans ses *Mémoires historiques* qu'il est permis de lui pardonner de n'avoir point soupçonné certaine altération dans les vieilles coutumes de la Champagne et de la Brie.

Quoi qu'il en soit, lorsque Lefebvre de Caumartin fit appeler les nobles champenois en 1666 pour reconnaître leurs titres, beaucoup refusèrent de se présenter et obtinrent plus tard des arrêts de la Cour des Aides par lesquels leur noblesse fut solennellement constatée. Les archives de l'Aube contiennent encore plusieurs de ces arrêts, mais dans les villes privilégiées comme celle de Troyes, qui depuis longtemps était exempte de la taille, la royauté ne devait point

(1) T. I, p. 142. *Institutions coutumières* d'Antoine Loysel avec notes d'Eusèbe de Laurière, t. I, page 56, Paris, 1846.

(2) T. XII, p. 88.

1.

se montrer trop rigide, surtout lorsque certains commis préféraient les *pistoles* aux vieux parchemins, comme semble le prouver la pièce qui suit :

Depuis six mois on ne voit que noblesse
Le long de ces chemins ;
Chargés de sacs, ils agitent sans cesse
Tous leurs vieux parchemins ;
Disant : voilà pour vous faire voir comme
Je suis gentilhomme,
Moi,
Je suis gentilhomme !

Mais ils n'ont pas achevé de produire
Qu'un commis de Boileau (1)
Dit aussitôt: ne cherchant qu'à leur nuire
Je veux m'inscrire en faux ;
Car des contrats la grosse je rebute ;
Je veux la minute,
Moi,
Je veux la minute,

Vous demandez une chose incivile,
Dit le noble assigné ;
Car si les rats d'un papier si fragile
Ont fait leur déjeûné,
Ou si le feu les a réduits en cendre,
Où diable les prendre?
Moi,
Où diable les prendre?

Ce n'est pas là, répond un de nos drôles
Les sacs qu'il faut à nous :
Apportez-nous bon nombre de pistoles,
Nous aurons soin de vous;
Nous vous ferons, moyennant bonnes sommes
Anciens gentilshommes,
Vous,
Anciens gentilshommes (2).

(1) Greffier et père d'Etienne Boileau, poëte satirique.
(2) *Nouveau siècle de Louis XIV*, 1793, t. II, p. 86.

I.

FAMILLES NOBLES

admises par M. de Caumartin, lors de la recherche de la noblesse de Champagne, par arrêt du 22 mars 1666.

A.

1 D'Aguerre.
2 D'Aguisy.
3 D'Aigremont.
4 D'Alenduy.
5 D'Alichamp.
6 D'Aligret.
7 D'Alonville.
8 D'Ambly.
9 D'Ancienville.
10 D'Anglure.
11 Antoine.
12 D'Arbaud.
13 D'Argillières.
14 D'Argy.
15 D'Arnoult.
16 D'Arras.
17 D'Artigoity

18 D'Aspremont.
19 Aubelin.
20 D'Aublin.
21 D'Auger.
22 De l'Aumosne.
23 L'Aumosnier.
24 D'Aulnay.
25 D'Autré.
26 D'Autry.
27 D'Avannes.
28 D'Avennes.
29 D'Averhoult.
30 D'Avograde.
31 D'Avrillot.

B.

32 Bachelier.
33 Baillet.

34 De Balathier de Lan-
tage.
35 De Balayne.
36 De Raleine.
37 De Ballidart.
38 De Baradat.
39 De Barbins.
40 De La Barge.
41 De Bataille.
42 Bauda.
43 De Baudier.
44 De Baussancourt.
45 De Bavre.
46 Bazin.
47 De Beaufort (Ardennes).
48 De Beaufort (Foix).
49 De Beaujeu.
50 De Beaulieu.
51 De Beaumont.
52 De Beaurepaire.
53 De Beauvais.
54 De Beauvau.
55 De Bécu.
56 De Beffroy.
57 Le Bégat.
58 Le Bel.
59 De Bellanger.
60 Du Bellay.
61 De Belloy.
62 De Benaist.

63 De Bérey.
64 De Berles.
65 De Bermand.
66 De Bermondes.
67 De la Berquerie.
68 De Berruyer.
69 De Bery.
70 De Berziaux.
71 De Bethoulat.
72 De Bezannes.
73 Le Blanc.
74 De Blois.
75 De Blondeau.
76 De Bohan.
77 Bohier.
78 Du Bois (Bourgogne).
79 Du Bois (Gastinois).
80 Du Bois (Jean, s. d'Es-
cordal).
81 De Bologne.
82 De Bonnilles.
83 De Boubers.
84 De Boucher (France).
Election de Troyes.
— Antoine de Bou-
cher, seig. du Ples-
sis-sous-Barbuise.
85 Boucher (Champagne).
René Boucher, seig.
de Richebourg.

86 De Boucher (France). Jacques, Georges et Michél de Boucher, scig. de Pàlis. *Election de Troyes*.

87 Le Boucherat.

88 Le Bouleur.

89 De Bourgeois.

90 Du Bourg.

91 De Bournonville.

92 De Boutillac.

93 De Bouzonville.

94 Boy.

95 De Brabant.

96 Braux.

97 De Bretel.

98 De Bridot.

99 De Brie.

100 De Briquemault.

101 De Briseur.

102 Brulart.

103 De Brune.

104 De la Bruyère.

105 De Budé.

106 De Burtel.

107 Bussy d'Ogny.

108 De Butor.

C.

109 De Cahier.

110 De Carendeffès.

111 De Castres.

112 Cauchon (1).

113 De Caumont.

114 Le Cerf.

115 De Challemaison.

116 De Chamissot.

117 De Champagne.

118 De Champigny.

119 Des Champs (Erard des Champs, sieur de Fontaine en Dormois, 1381).

120 Des Champs (Pierre Deschamps, sieur de Villiers le sec, 1531).

121 De Chandon.

122 De Chantelou.

123 De Chartogne.

124 De Chastenay.

125 De Chat.

(1) L'évêque de Beauvais, juge de Jeanne d'Arc, était fils de simples paysans des environs de Reims et ne descendait point par conséquent de la noble famille des Cauchon qui remonte à Remy Cauchon, commandant des gens de guerre à Reims, en 1348.

126 De Chaumont.
127 De Chavagnac.
128 Chertemps.
129 De la Chevardière.
130 Chinoir.
131 De Choiseul.
132 De Choisy.
133 De Clermont d'Amboise.
134 Cochet.
135 Coiffart.
136 De Cokborne.
137 Colet (Jean, sieur de la Havetière).
138 De Colignon.
139 De Coligny.
140 Des Collines.
141 De Comitin.
142 De Condé.
143 De Conflans.
144 De Constant.
145 De Contet
146 Le Cordelier.
147 De Cordon.
148 Le Cothonnier.
149 Le Courtois.
150 De Coussy.
151 De la Croix.
152 De Cugnon.
153 De Cuissotte.
154 De Culant.
155 De Cussigny.

D.

156 De Dainville.
157 De Dalle.
158 De Damas-Thianges.
159 Damoiseau.
160 De Dampierre.
161 Danois.
162 Davy de la Pailleterie.
163 Deduit.
164 Denis.
165 Denys.
166 Denise.
167 Didier.
168 Doucet.
169 Droüart.

E.

170 D'Eltouf de Pradines.
171 D'Ernecourt.
172 D'Escamin.
173 D'Escannevelle (Jean, seig. de Coucy).
174 D'Escannevelle (Charles, s. de Rocan).
175 D'Espinoy.
176 D'Esaivelles.

177 D'Essaux.
178 D'Estaing.
179 D'Estivaux.
180 D'Estoquois.
181 D'Estrac.

F.

182 De Failly.
183 De Fay d'Athyes.
184 Le Febvre.
185 De Feligny.
186 Féret.
187 De Fermont.
188 De Feugré.
189 Le Fèvre.
190 Fillette.
191 De la Fitte.
192 De Flavigny.
193 Florinier.
194 De la Folye.
195 De la Fontaine.
196 Des Forges.
197 De Fougère.
198 De Fouquet.
199 Fourault.
200 De France.
201 De Fresne.
202 De Fresneau.
203 De Fust.

G.

204 De Gaalon.
205 De Gadoüot
206 De Galandot.
207 De Gelée.
208 Le Genevois.
209 De Geps.
210 De Gillet.
211 Girault.
212 De Godet.
213 De Gondrecourt.
214 De Gogué.
215 De Goujon de Thuisy.
216 De Gorron.
217 De Graffeuil.
218 Le Grand.
219 De Grand.
220 De la Grange (Berry).
221 De la Grange (Valois).
222 Le Gras.
223 De Gruthus.
224 Du Gretz.
225 De Groulart.
226 De Gruy.
227 Guenichon.
228 De Guerin.
229 Du Guet.
230 De Guigné.
231 Guillaume.

232 De Gumery.
233 De Guy.

H.

234 Du Hamel.
235 De Hames.
236 Du Han.
237 D'Handresson.
238 De Harlus.
239 De Haudoin.
240 De Harzillemont.
241 De Hedouville.
242 De Hénault.
243 De Hennin-Lietard.
244 De Hérault.
245 De Hérisson.
246 De Hermant.
247 De Heudé.
248 De Hezecques.
249 De L'Hospital.
250 L'Hoste.
251 De Houdreville.
252 Du Houx.
253 D'Hucy.
254 D'Humblot.
255 Huot.

I.

256 D'Ivory.

257 De Joyeuse.
258 De Juigné.

L.

259 De Laigle de la Montagne.
260 Des Laires.
261 De Laistre.
262 Lallemant de Lestrée.
263 Langault.
264 Langlois.
265 De Lantage.
266 Larcher.
267 Largentier.
268 De Launoy.
269 De Leigner.
270 De Lenharé.
271 Lescarnelot.
272 Lescuyer.
273 De Libaudière.
274 Le Lieur.
275 De Ligneville.
276 De Ligny.
277 De Ligot.
278 Linage.
279 De Livron.
280 Locart.
281 De Longueau.

282 De Luillier.
283 Du Lyon.

M.

284 De Maillart.
285 De Mailly.
286 De Maizières.
287 De Malclerc.
288 De Malval.
289 De Mance.
290 De Marc.
291 De Marcheville.
292 De Marguenat.
293 De Marisy.
294 De la Marre.
295 Martin de Choisey.
296 De Maubeuge.
297 De Maujon.
298 Médard.
299 De Mcïel.
300 De Melin.
301 De Mertrus.
302 De Mesgrigny.
303 Du Mesnil.
304 De Minette.
305 Le Mire.
306 De Miremont.
307 De Miserac.
308 Moët.
309 De Molé.

310 De Monard.
311 Du Monceau.
312 De Moncrif.
313 De Montangon.
314 De Montarby.
315 De Montguyon.
316 De Montigny (François, seig. de Gramoisel).
317 De Montigny (Claude, seig. d'Atricourt).
318 De Morillon.
319 De Mosseron.
320 De la Motte.
321 De Mussan.
322 De Myon.

N.

323 De Nettancourt.
324 De Niger.
325 De Nogent.
326 De Noire-Fontaine.
327 De la Noue (Brie).
328 De Noue (Valois)
329 De Novion.
330 Des Noyers.

O.

331 D'Orey.
332 D'Orge.

333 D'Origny.
334 D'Oriocourt.
335 D'Orjault.
336 D'Orthe.
337 Oudan.

P.

338 De Paillette.
339 De Palluau.
340 De Pampelune.
341 Parchappe.
342 De Paris (François, seig. de Forfery).
343 De Paris (Nicolas, seig. de Meure, Remy, seig. du Pasquier, Philippe Hiérosme, seig. de St-Fraize.
344 Pasquier.
345 De Pavant.
346 De Payen.
347 De Pellart.
348 Perret.
349 Le Perry.
350 Petit.
351 Le Picart (Paris).
352 Le Picart (Picardie).
353 Picot de Dampierre.
354 De Piedefer.
355 De Pilloys.
356 Du Pin de la Gérinière.
357 De Pinguenet.
358 De Pinteville.
359 Pinthereau.
360 Pithou.
361 De la Place.
362 De la Planque.
363 De Pointes.
364 De Poirresson.
365 Du Pont.
366 De Ponts.
367 De Porchier.
368 De Portebize.
369 De Pouilly.
370 De Prez.
371 Du Puis (Barrois).
372 Du Puis (Champagne).
373 De Prospe.

Q.

374 De Quanteal.
375 Quinot.

R.

376 De Rabutin.
377 De Racine.

378 Raguier.
379 De Raincourt.
380 La Rama.
381 Raulet.
382 De Ravault.
383 De Ravenel.
384 De Ravignan.
385 De Réance.
386 Des Réaux.
387 De Rémont.
388 De Renart de Fus-
    chamberg.
389 De Renaut des Lan-
    des.
390 De Renty.
391 De Richebourg.
392 De Richelet.
393 De Rimbert.
394 De la Rivière.
395 Le Robert.
396 De Rochereau.
397 De la Rochette.
398 De Rommecourt.
399 De Roucy.
400 De la Rouëre.
401 De Rougemont.
402 De Rouvoire.
403 Le Roy de Longue-
    ville.
404 De la Rüe.

S.

405 De Sacqu'espée.
406 De Sahuguet.
407 De Saillans.
408 De St-Avy.
409 De St-Blaise.
410 De St-Belin.
411 De St-Privé.
412 De St-Quentin.
413 De St-Vincent (Bas-
    que), Philbert, seig.
    de Signeville.
414 De St-Vincent (Bas-
    que), Jean, seig. de
    Lestannes.
415 Des Salles.
416 De Salse.
417 De Saluce.
418 De Sandras.
419 De Sanglier.
420 Du Sart.
421 De Saucières.
422 De S. Sauflieu.
423 De Saux.
424 De Savigny (Lor-
    raine).
425 De Savigny (Cham-
    pagne).
426 De Schulemberg.

427 De Sérocourt.
428 De Serpes.
429 De Simony.
430 De Soissons.
431 De Soissy.
432 De Sommièvre (1).
433 De Sompsois.
434 De Sons.
435 De Sorny.
436 Soufflier.
437 Soulain.
438 De Sugny.

T.

439 De Tance.
440 De Tassin.
441 De Ternuelles (Allemagne) (2).
442 De Thannois.
443 De Thelin.
444 Thomas du Val.
445 De Thomassin.
446 Du Thysac.
447 De la Tour.
448 De Tournebulle.
449 De la Tranchée.
450 Trestondan.

451 Tristan.
452 Du Trousset.
453 Truc.

V.

454 De Vaivre.
455 Du Val (Champagne), Pierre du Val, seig. de Mornay.
456 Du Val Dampierre (Ecosse).
457 Du Val (Champagne).
458 De Varisque.
459 De Vassan.
460 De Vassignac.
461 De Vauclerois.
462 De Vaudrey.
463 De la Vefve.
464 De Veillart.
465 De Venois.
466 De Vergeur.
467 De Verneuil.
468 De Verrières.
469 De Verrines.
470 De Veyne.
471 De Vieilsmaisons.
472 De la Vienne.

(1) Ou de Sommière, du village de ce nom, près Sainte-Menehould.

(2) Ou Terwelles.

473 De Vienne Girosdot.
474 De Vienne D'Outreval.
475 De Vignancourt.
476 Vignier.
477 De Vignolles.
478 De Villelongue.
479 De Villeprouvé.
480 De Villiers (Pierre, sieur de Villiers, en Bourgogne, 1460).
481 De Villiers (Robert, sieur de Chevrières, 1527).

482 De Villiers (Jacques, sieur de Verrière en Rethelois, 1470).
483 De Villiers (N... écuyer, 1500).
484 De Villemor.
485 De Vitel.
486 De Vuarigny.

Y.

487 D'Y De Seraucourt.

II.

FAMILLES NOBLES

admises après 1666 par M. de Caumartin et Larcher, son successeur et ajoutées dans l'Armorial de Chevillard et Dubuisson.

1 Angenoust (1).
2 D'Anglas.

3 D'Antigny.
4 D'Aoust (2).

(1) Jean nommé conseiller au parlement de Paris, le 21 septembre 1461. De Caumartin écarta cette famille maintenue par Larcher.

(2) Pierre l'aîné et Pierre le jeune.

5 D'Aubeterre.
6 D'Audemar.
7 D'Autigny (1).
8 Le Bascle.
9 De Bar (2).
10 De Baudesson, sieur d'Enville.
11 De Baujeu.
12 Bauvière, sieur de Blumery, maint. 1667.
13 Beaufort, sieur d'Epotémont.
14 Beaugier (Barrois).
15 De Belin (Normandie).
16 Béquin, sieur d'Antigny.
17 Berbier du Metz, sieur de la Mothe.
18 de Bérulle.
19 Bignicourt, sieur de Chambly.
20 Billet, sieur de Saint-Martin aux Champs.
21 Bouché de Baroche.
22 De la Boullaye.
23 Boutenay, sieur de Lenty.
24 de Boutteville.
25 de Breuze, sieur du Pré.
26 Briel.
27 De Brodart, sieur de Branscourt.
28 Broussel, sieur de Neuville.
29 Bruchié (Sézanne).
30 De Buisson, sieur de Lantreville.
31 Julliot de la Burie.
32 De Brienne-Conflans.
33 De Bruneteau, vicomte de Chouilly.
34 Cabaret Claude et François, sieurs de la Crouillière.
35 Cabrol, Jean de, sieur de Gaillot.
36 Calabre.
37 Canel, sieur de la Mothe.
38 Canelle, Antoine, sieur de Cailleux en Porcien, 1450.
39 De Châlons, Nicolas, sieur de la Forge.

(1) Jean d'Autigny, sieur de Vieux-Dampierre.
(2) Claude de Bar, sieur de Vélie, — de Bar, sieur de Rougemaison.

40 Châlons, sieur de Cour-
mas.
41 Clément (de Jean Clé-
ment, sieur de la Mo-
the-Belleval, 1499).
42 Charpentier (Vitry).
43 De Chastillon.
44 Chourses.
45 Le Clerc (Nicolas,
sieur de Courlaines).
46 Le Clerc de Morains.
47 Cliquet de Flamanvil-
le (Châteaurenaud).
48 De Clivier, sieur de
Viaspres.
49 De Clozier (Pierre).
50 Collet (Jean, sieur de
Cloix-sur-Marne).
51 Collin (Guillaume Ba-
rizien).
52 Colin de l'Isle.
53 De Combles, sieur de
Plichancourt.
54 Conflans.
55 De Conigaud (Jean).
56 Corné (Pierre, sieur
de la Caillière).
57 De Contet (Hugues et
Pierre, sieurs d'Au-
nay-sur-Marne,

ajournés par de
Caumartin).
58 Contet (Nicolas, pro-
cureur du roi, en la
prévoté de Vitry,
1540, maintenue de
1641).
59 De la Coudre.
60 Coulon, sieur de la
Grange.
61 Courtet.
62 Cosson (Pierre, sieur
de Gaunay).
63 De Creney (Edouard,
sieur d'Arrentières).
64 Culsotte de Saint-Fer-
jeux.
65 Damédor (Louis,
écuyer, trésorier à
Vesoul).
66 Danglas.
67 De Derny (Jean, sieur
de la Tour).
68 Deu, seigneur de
Vieux-Dampierre et
de Montdenois.
69 Deu, seigneur de Per-
thes.
70 Devinets, sieur de
Crosny.

71 Drouot.
72 Dumont.
73 De l'Espine (Clément).
74 De l'Estaingt.
75 Fagnier (Guillaume sieur de Romecourt).
76 De Fauge (Alexandre).
77 De la Ferté (Oudin).
78 Fleury (Jacques, sieur de Sorcey).
79 Finfe, sieur d'Escannevelles.
80 De Foissy.
81 Francoys, sieur de Montbayen.
82 Fremyn, sieur de Sapicourt.
83 Frizon (Nicolas, sieur de la Mothe).
84 De Gayot (sieur de Pailleau).
85 Gallois (Lorraine).
86 Gastelier.
87 Geoffroy (seig. de Coiffy, Nosay et St-Etienne).
88 Germain, sieur de la Merle.
89 De Gervaisot, sieur de la Folie.
90 De Goblet, sieur de Chepy.
91 De Gombault (sieur de Croquart).
92 Gondallier de Tugny.
93 De Goulart (Jean), sieur d'Invilliers.
94 Guérin Didier, sieur de Sauville.
— De Guérin (Bretagne).
95 De Greffin, Antoine, (seig. des Fourneaux).
96 Guillemin ayant produit jusqu'à Guillaume, écuyer en 1526. — Seigneur de Blossier, 1667.
97 Guillaume, seigneur de Chavaudon, 1692.
98 Guillemin, production depuis Jean, sieur de Martignicourt, 1520.
99 De Laudanger.
100 D'Hemery.
101 Hennequin, sieur de Chaumont.
— sieur de Villermont.

102 Heudelot, sieur du Mesnil.

103 Hoccart (François, sieur de Felcourt).

104 Hocart, sieur de Fresne.

105 Hordal du Lys.

106 Husson, sieur de Sampigny.

107 Jacobé.

108 De Joibert (Thomas).

109 Julliot, seigneur de Burge.

110 De la Boullaye (Jacques).

111 Laigneau.

112 De la Loyauté, seigneur de Drosnay.

113 Le Dieu (Jean, sieur de Beaubuisson).

114 Laurent, seigneur de Briel.

115 Le Blanc, Estienne, sieur des Coulons.

116 Le Dieu, sieur de Ville-en-Tardenois.

117 Le Dieu (Château-Thierry).

118 L'Enfernat, Louis, s. de Marnay.

119 Le Duc, seigneur de Compertrix.

120 Le Gras (François, écuyer, 1500).

121 Le Goix, sieur du Marais.

122 Le Gorlier, Gilles, écuyer, 1467.

123 Le Masson, Charles, 1512.

124 Le Molleur, sieur des Fossés.

125 Le Noble, sieur de Tennelières.

126 Le Parmentier, sieur de Cauroy.

127 Le Petit, sieur de Richebourg.

128 Le Picart du Lys.

129 Liboron, Simon.

130 De Leyris, Antoine, sieur de Chauveau, 1500.

131 Linage (Ignace, Nicolas, Cosme-François, Jean et François le jeune, sieurs de St-Marc, — Jean et Nicolas Linage, sieur de Morains.

132 De Longeville, Guillaume, sieur de Montelon.

133 De Longueil, Jean, 1450.

134 Du Lyon (Claude, sieur de Rochefort).

135 Mahuet (Lorraine).

136 De Mailly (Pierre, sieur de Viéville).

137 De Maisières, sieur de Verricourt.

138 Marchand de Christon, sieur d'Auzon.

139 Des Marets, sieur de Beauvais.

140 De Martineau (Touraine).

141 Mauclerc, seigneur du Plessis.

142 De Mauroy (Artois te Troyes), 1296.

143 Mathé (Jean, sieur de Dammartin-Lettrée, 1509).

144 De Mecquenem, sieur d'Artaise.

145 De Ménisson, 1500, (Troyes).

146 de Merbrich, Jacques, sieur de Cheveuze.

147 Mereau, seig. d'Esvrolles.

148 De Mergey, sieur de Vendeuvre.

149 De Mesmes (Béarn), 1450.

150 De Messey, 1197.

151 Du Mesgnil, Nicolas, sieur du Petit-Mesgnil.

152 De Montgeot (Jean, sieur du Pré-Tranché).

153 Des Morel (Bassigny). — Jean-Louis, de Monteval, seig. de Mauvage.

154 Mornay.

155 Du Molinet (Laurent, sieur de Trousseau-sur-Seine, 1400).

156 de Noël (Pierre, 1560).

157 De Noël, (Pasquet, 1414, à Vertus).

158 De Nargonne.

159 Nacquart (Lorraine).

160 Nevelet, 1497.

161 Noizet, seign. de Ba-
rat.
162 Nuisement, 1538,
(Henri de, s. de
Dommartin).
163 Des Paillettes, sieur
d'Humbercy.
164 Paillot, sieur de Loy-
nes, 1443.
165 Papillon, maintenu
en 1675,— François
sieur de Couvrot,
Samuël, Claude, s.
de Saint-Martin-
aux-Champs, César,
Marie et Madeleine.
166 Parisot, à Langres,
condam. en 1688.
167 Payen, sieur de Cour-
celles, 1475.
168 Papin, sieur de Bas-
Bocquetaux, con-
damné.
169 Petit de Lavaux, 1597.
170 Philippe, seig. d'En-
gente.
171 Picot de Courcelles
(Arcis), 1744.
172 De la Pierre, sieur de
Quin, condamné.

173 Piétrequin, sieur de
Prangey.
174 Piot, sieur de Cour-
celles.
175 De la Pisse, sieur du
Bois (Limousin).
176 De Pleurre, 1410.
177 Plusbel, sieur de
Saulles.
178 de Pompery, Philippe,
sieur d'Aux, 1504.
179 De Ponsort, Jacques,
sieur de la Mothe,
1585.
180 De Pont, sieur de
Bourneuf.
181 Des Postes, 1670.
182 Poterat, 1553.
183 De Raget, 1772.
184 De Rameru, 1672.
185 De Récicourt, Fran-
çois, seig. d'Arci-
court, 1695.
186 Regnard, sieur de
Villetard.
187 Regnault, Jean, 1481.
188 De Rémond (Bour-
gogne), Jean, sieur
de Breviandes,
1521.

189 De Renusson, Marin, 1500.

190 Richet, seig. de Long-champs.

191 De Riencourt, Adrien, 1460.

192 Rimbert (Picardie).

193 De la Robinière, re-fusé en 1667.

194 Roland, sieur d'Arcy.

195 Rose, noble Jean, sieur d'Avrecourt, 1573.

196 De Roussel, Jean, 1397.

197 De Rozières, sieur d'Arbigny.

198 Sacqu'espée (Jacques de).

199 Saguez (Jean), sieur de Montmorillon-les-Marson, 1400.

200 De la Salle (Gasco-gne), condamné.

201 De Serrey Arnoul, sieur de la Char-motte, 1435.

202 Simonnet, (Rethel), 1671.

203 De Tabouret Edme, sieur de Crespy, 1550.

204 Thomas, sieur d'Ar-sy.

205 De Thomasset, Pierre, capitaine au ser-vice de Savoie, 1598.

206 Tutel, sieur de Gue-my.

207 Torchet, seig. du Clos.

208 Vallerot Claude, sieur de Flameran.

209 De Vezier (Pierre, écuyer, archer de la garde de Charles VIII).

210 De Valois Saint-Re-my, descendant d'un bâtard de Henri II.

211 De Villiers (Louis, sieur de Signe-ville, 1674).

211 De la Verne, 1590.

213 De Zeddes (Philippe-Christophe, sieur de Mongey, 1548).

III.

TABLE ALPHABÉTIQUE

des familles non admises lors de la recherche en 1666

par M. DE CAUMARTIN.

A.

1 D'Ailly, Claude, v. de Montigny, condamné par défaut le 28 juin 1668, taxé à 5 l. de taille.

2 D'Ambly, François, à 2,000 l. (1) .

3 André dit la Motte, Pierre, par défaut le 12 mars 1668 et à 2,000 l.

4 Des Androuins, David, le 13 juin 1662.

5 Angenoust, Marguerite de Marisy, veuve de Jacques Angenoust.

6 D'Angeville Mathieu, seig. de Précy N. D., le 11 août 1668.

7 D'Antignate, Pierre-Claude, s. de Bierre, par défaut le 4 mars 1669 et à 300 l.

8 D'Aoust, orig. de Picardie [Pierre d'Aoust l'aîné et Pierre le jeune, maintenus en mars 1668].

9 Des Artisanty, Louis, Jean et Henry, taxés chacun à 4 l. de taille.

(1) Ne pas le confondre avec *François d'Ambly*, baron Desayvelles, maintenu par M. de Caumartin.

10 Aubert, Claude, seig. de l'Olsnière, par défaut le
19 janvier 1669.

11 D'Aungny, Jean, le 18 août 1669.

12 D'Autigny, Jean, s. de Vieux-Dampierre, déclaré
noble par M. de Caumartin, jusqu'à ce qu'il plaise
au roi de le relever de ses dérogeances.

13 Noël d'Autry, ou d'Autruy, s. des Carreaux, par
défaut le 12 mars 1668.

14 Des Ayvelles, ou des Evelles, Sébastien, le 21 août
1663.

B.

15 Baillot, Edme.

16 Bailly, Nicolas-Gilles (1).

17 Du Ban, Jean, s. de Granlon.

18 De Banuvrès, Charles-Etienne, le 6 novembre
1668.

19 De Bar (2), Louis, s. de Vitry-la-Ville, le 29 juillet,
1667.

   — Simon-Nicolas, s. d'Autequeil,... gruyer de
Vaucouleurs.

20 De Bar, Jacques, s. de St-Martin-aux-Champs,
gentilhomme ordinaire de la maison de Gaston,
duc d'Orléans.

21 Barat, Pierre, s. d'Argy.

22 Barois, J.-B., s. de la Murault, le 12 mars 1668.

(1) De Bailly, sieur de la Mothe, confirmé en décembre 1719.

(2) Famille ajournée par de Caumartin, pour cause de dérogeance, re
levée depuis.

23 De la Barre, Aubin.

24 Barton, Nicolas.

25 De Baudesson, Charles, seig. de Marnaval (1).

26 Baudier, Jean.

27 Baugier, Nicolas et Pierre, 1667 (2).

28 De Baulny, Antoine.

29 De Bauvier, Claude, 1669.

30 De Beaufort, Prudent.

31 De Beaune, Robert.

32 De Beausire, Charles, seig. de Berquigny.

33 De Beauvau, Louis, s. d'Hermeville, nouveau anobli taxé à 600 l. qu'il a payées.

34 Becquin, Jean, s. de Suzemont, 1668.

35 Bégat, Edme et Françoise d'Aulnay, veuve de Charles Bégat.

36 De Bègue, François.

37 Beguin, François, s. de la Cour.

38 Belin, Pierre-François (3).

39 Beraillon, Bernard, s. de Neufville.

40 De Berthélemy, Gédéon, s. de Chaumodel.

41 Berthelin, Bonaventure et Louis prétendaient tirer leur noblesse d'une L'Esguisé, disant que Jean L'Esguisé, évêque de Troyes, avait obtenu des lettres de noblesse pour toute la postérité de ses neveux.

---

(1) De Baudesson, sieur d'Enville, maintenu le 10 décembre 1667.

(2) Baugier, arrêt du 21 juillet 1671, maintenu.

(3) De Belin, anobli en décembre 1622, maintenu en 1668.

42 De Bœuvery, Louis, seigneur de Champvoisy et de
   Veuly.
   — De Beuvery, Jean et Robert.
43 De Beuvry ou de Beuvoy, Claude, seigneur de
   la Villette.
44 Jean-Pierre de Biès, s. de St-Martin et de Richemont.
45 De Bièvre, Nicolas, s. du Petit-Viaspres.
46 De Bigault, Louis.
   — Bigault, Jean [Charlotte Dorlodot, veuve de].
47 De Bigny, François, s. de Preterange.
48 De Bigot, Pierre, s. d'Incerville.
49 Billard, Charles, s. de la Chapelle, a dit ne vouloir
   soutenir la qualité d'*écuyer*.
50 Blancart, Jean, s. d'Agny.
51 Le Bœuf, Fr, s. de Champbares, depuis décapité à
   Paris.
52 Du Bois, Antoine et Jean, s. de Faremont.
53 Du Bois, Philippe, s. de Mutigny.
54 Du Bois, Jacques, s. de Marson.
55 Du Bois, Emmanuel.
56 Du Bois, Jean, s. de St-Lumier.
57 De Boissonneau, Antoine, s. de Chouilly, condamné à 2,000 l. qu'il n'a pas payées, n'ayant
   aucuns biens.
58 De Bonneston, Claude, s. de Bouron.
59 Bonnet, Jean et Moïse.
60 De Bonnière, Ch.-Etienne et Claude.
61 Bonvarlet, Jean, s. des Orguves, prévôt des maré-
   chaux.
62 De Bordeaux, Théodore, s. de Chamron.

63 Des Bordes, François.
64 De Bosny, Jacques, s. d'Antheny.
65 De Boucher, Etienne-Jacques (1).
66 De Bouillard, Laurent, s. de la Croix et du Grand-Hameau.
67 Du Boullay, Antoine, s. de Champagne.
68 De Bourbon, Jean, s. de St-Etienne.
69 Bourgeois, Nicolas.
70 Le Boust, François, s. de Chambaras.
71 Du Breuil, François, s. de la Brossardière.
72 Briley, Barbe.
73 De Brunel, Charles.
74 Bugnot, François.
75 De Brusley, François.
76 De Buise, Jean, s. de Faucon.
77 De Bury, Louis-Henri, s. de la Chaze.

C.

78 De Cabaret, orig. de Hainaut, Claude et François (2).
79 Cabrezolles, Jean.
80 Cadart, Jacques s. de Souain ou Souyn.
81 Cagnolles, Louis.
82 Le Camus Oudin.
83 Camusat, François.
84 Canelle, Jacques, lieutenant-général du Rethelois.
85 De Canteleu ou de Cantelet, Claude, s. de Lenart.

(1) Ne pas le confondre avec Etienne-Jacques de Boucher, seig. de Pâlis.

(2) Ajournés par de Caumartin.

86 De Cantre, *alias* de Cautar Isaac, s. des Jardins.

87 Cappy Toussaint, s. d'Oiry.

88 Causart, Charles, s. du Gy de Montigny.

89 Chabert, Hierosme.

90 Des Champs, Nicolas [Anne, veuve de].

91 Champy, Nicolas, conseiller au bailliage de Sézanne.

92 Chappelain de la Fontaine, François, contrôleur au grenier à sel de Langres.

93 De Chartongne, Tristan (noble et inscrit au rôle des tailles, sans doute pour quelque bien tenu en roture).

94 De la Chasse, Gabriel.

95 Chastillon, Pierre.

96 Chaubert, Hiérosme, président au grenier à sel de Villemort.

97 Du Chemin, Hector, s. de la Billeterye.

98 Choblet, Pierre-François, s. de Montiville ou de Mouleville.

99 De Chilly, Claude, s. de Beauvais, depuis gentilhomme de Monsieur.

100 De Chevardières, François (1).

101 Choizelat Claude et Marie Vezinier, veuve de Henri Choizelat.

102 Chopin, Hélie, s. de la Tour.

103 Chrestien, Gabriel.

104 De Clairy ou Cléry, Antoine, s. de Connis.

---

(1) Ne pas le confondre avec François de la Chevardière, sieur de la Mothe.

105 Clavariot ou Clavairot, Georges.

106 Clément, Charles, s. de l'Espine et François, s. de Melette, frères (1).

107 Clement, Robert, s. de la Fosse, lieutenant du roi de Châteauregnard.

108 Le Clerc, Christophe, s. de la Forêt-sur-Yonne, bailly de Méry-sur-Seine.

109 Clerget, Hector-François.

110 Clozier, Catherine Hennequin, veuve Jean Clozïer, s. de Juvigny.

111 De Cochon, Abraham.

112 De Coizet, Philbert.

113 Collet, Claude, s. d'Espicotte.
    Collet Edme, commensal de la maison du roi.

114 De Combles, marquis de Noncourt.
    De Combles, Euchaire, s. de la Motte.

115 De Corberon, Jean et Pierre.

116 Cornet, Barthelemy.

117 Cornuel, Barthelemy.

118 Corrard, Jacques.

119 De Coussy, François (2).

120 De Couyn, Pierre, s. de Souleaux.

121 Des Cureaux, Gédéon, s. des Roches.

122 Darbois, Jean.

123 Daubit, Philippe, s. de la Chapelle.

124 Daulie, Jean, s. de la Coste.

(1) Ajournés par de Caumartin.

(2) Ne pas le confondre avec François de Coussy, demeurant à Tours-sur-Marne.

125 Daure, Léon.
126 Davir, Edme.
127 Denis, Edouard et François.
128 Deshenry, Remy.
129 Desosson, Madeleine et Gabrielle.
130 Deya, Perrette, de la Loyauté, v. de Claude Deya
131 Deys, Pierre et Charles, s. de Marson.
132 Didier, Jacques.
133 Divernet, Laurent.
134 Doizy, René.
135 Dollheureux, Nicolas.
136 De Dompmartin, Antoine, s. de Champagne.
137 Dorbinot, Louis, ainsi que Louise Picot, veuve de Jean Dorbinot.
138 Dorlodot, Philibert, s. de Charnoy, Henri et Charles.
139 Dormy, Guillaume et Pons, s. de la Tour et Fontenoy.
140 Doué, Pierre.
141 Doulcet, Antoine.
142 Le Duc, Pierre, s. de Competoix.
143 Dridré Aymé, s. du Breuil.
144 De Duiet, François, s. des Carouges.
145 Le Duit, Antoine, s. de la Fontaine.
146 Dutel, veuve de Jean.
147 D'Espié, Jérémie, s. de la Guiche.
148 D'Estapes, Alexandre et François.
149 Fandolle, Pierre.
150 Fanier, Thierry.
151 Faudel, Pierre, s. de Faveresse.

152 De Fautray, Alexandre, s. de Mornay, Gabrielle
de Burry, veuve de Philippe de Fautray, Richard,
Joachim, Philippe et Henriette, ses enfants.
153 Favé, Jacques.
154 Lefebvre, Jacques, s. de Cernon.
155 Lefebvre, Nicolas, s. de Chamblain.
156 Lefebvre, Jacques, s. de Maurepas et Jean.
157 Lefebvre, { Charles, s. de la Vaux. / Claude, s. de Bremery. / Claude, s. de la Noe.
158 De Fernelle, Samson-Louis.
159 Feret, Oudart.
160 de Feschet, Georges, s. de la Ramérée.
161 Lefevre, Pierre et René, prévot d'Andelot.
162 De Fleurnois, Louise de Bardancourt, veuve de
N. de.
163 Forest, Claude.
164 Des Fossés, Claude, s. de Longvoisin, off. de la
maison du roi.
165 Fouquet, Louis, s. de Richecourt.
166 Fourenin, Nicolas, nouvel anobli.
167 Fournier, Etienne, de Vandières.
168 François Charles.
169 De Fromont, Pierre-André.
170 De Fumel, Samson-Louis, s. de Melue.
171 Gaillard, Jean.
172 Gallet, Pierre, s. des Essarts.
173 Gallien, Pierre.
174 Gargan, Nicolas, conseiller au présidial de Châlons.

175 Garnier, André, s. de Vernon.
176 Gaulard, Claude, lieutenant en la maréchaussée
    de Vitry.
177 Le Gendre, François, s. de Bétoncourt.
178 Le Genevois, Nicolas, lieutenant en l'élection de
    Langres.
179 Geoffroy, Nicolas, s. de Houchemin.
180 De Geps, Jean, s. de Lintelles.
181 Germain, Charles, s. de la Mauriès.
182 De Ghelin, Jean.
183 Gilles, Nicolas, bailli de Beaufort.
184 De Gimel, Jean.
185 Girard, Etienne.
186 Girardet, Mathieu, s. de Saint-Remy.
187 Girault, Marc, s. du Poirier.
188 Le Gorlier, Pierre.
189 Gombault, Pierre, s. de Vernoise.
190 De Goussey, François, s. de Blancheville.
191 Gouthier ou Goutière, J.-B., s. de Murault.
192 Gouttier, Charles, s. de Givry.
193 Graillet { Jean, s. de Beyne.
             { Pierre, s. de Monchery.
194 Le Grand, Simon, s. de Bouard, conseiller du roi,
    élu en l'élection particul. de Villenauxe.
195 De la Grange, Georges.
196 Le Gras, Jacques.
197 Grassin, Jean.
198 De Gastel, Edme.
199 De Gratas, François, s. de Baulny.

200 { De Guet ou du Gué Gilles (1).
{ du Guet, Philbert.

201 Guichard, Réné, s. de Brignival.

202 Guillot, Mathieu.

203 De la Hain, Charles et Roger.

204 Hébert Galard, bailli du marquis de Revel.

205 Hennequin, Christophe, président au grenier à sel de Châlons.

206 De Hermand, Philippe, s. de Sauville.

207 Heudelot, Et., s. de Verpelle, avocat du roi au présidial de Langres.

208 De Heumont, Philippe.

209 L'Heureux, Nicolas, s. de Sailly.

210 Horguelin, Edme, s. de Breuvery, a payé 1,160 l. pour droit de confirmation de lettres de noblesse par lui prises.

211 De Houdreville, Jean.

212 Gilles de Houssy, s. de la Malardière.

213 Huey, Claude, avocat à Troyes.

214 Huittier, Geoffroy.

215 Huot, Edme, s. de la Héraude.

216 Hussy, Louis.

217 Jacob, François, s. d'Ogny.

218 Jacobé, Louis, élu en l'élection de Vitry et Noël, grenetier à sel de Vitry.

219 Des Jardins, Antoine.

220 Le Jeune, Nicolas.

(1) Ne pas le confondre avec Gilles du Guet, seig. de Proviseux.

221 Jolly, Louis, s. de Saunay, et Rémond.

222 Jolytemps, Nicolas.

223 Jothier, Antoine, à 200 l. qu'il n'a pas payées, n'ayant aucun bien.

224 Joubert, Ponson.

225 Juillet, Scipion, s. de Vigne.

226 De Lacrivier Corberand, Joseph, s. de Boléas.

227 Charles de Laigne, s. de Mortainville.

228 De Landreville, Pierre.

229 Le Large, Jacques, coureur de vin de la feue reine-mère.

230 L'Argentier, Jean.

231 De Lartre, Gaspard.

232 De Lasignel, Sébastien.

233 Laubigeois, Pierre et Louis, père et fils.

234 De Lecey, Jean-Baptiste et Antoine, élus en l'élection de Langres.

235 Lempereur, Jean.

236 De Lesclin, Charles et Roger.

237 Thomas de Longdiné, s. de Saint-Remy.

238 De Longeville, Edme, s. du Petit-Viaspres, par défaut 18 mai 1668, depuis maintenu 1698.

239 Du Lorain, Pierre.

240 De Lorgère, Jean, s. de Crespy.

241 De Lormeau, Louis, s. de Balourdet.

242 De Lorraine Denis, 1er président au présidial de Chaumont.

243 Loupin, Claude.

244 De Louvet, Michel et Mathieu, s. d'Artigny.

245 Lucquier, Edme.

246 De Luxembourg, Jean, s. de la Chapelle, branche
    bâtarde de la maison de Luxembourg-Brienne.

247 Macquart ou Macart, Nicolas.

248 Maillet, Jacques et Pierre, père et fils.

249 Maillot, Nicolas, s. de Juvancourt.

250 Le Mairat, Ant., s. des Tournelles.

251 Malval, François, s. de la Malmaison (1).

252 Du Mange, Jean ou Jacques, s. de la Poterie.

253 De Maranville, Charles.

254 De Marisy, Marguerite.

255 Marnot, Catherine de Femelle, **veuve de J.-Bap!**
    Marnot.

256 Martine (voyez de Bauvière, page 22).

257 De Marval, Catherine de Fumel, **veuve de J.-B. de**
    Marval.

258 Masson, Jean.

259 Massu, Antoine.

260 Mathé, Nicol.

261 Mauclerc, Pierre.

262 Maugin, Antoine, s. de Lisle.

263 De Maupuis, Pierre.

264 Des Mazures, la veuve.

265 Du Mengin, Nicolas.

266 De Menissier, Jacq., s. de Vaux.

267 De Meras, Antoine, s. des Tournelles.

268 De Mertrud, Pierre.

269 De Meslon, Antoine, s. de Beaufort.

270 Du Mesme, Louis-Philippe.

(1) Admis dans le *Procès-verbal de la recherche de la noblesse de
Champagne*, par de Caumartin, édit. de Vouziers, p. 90.

271 Du Mesnil, François, s. d'Arrentières.
272 Michelet, Jacques, s. de Bodonvilliers.
273 Mestayer, Jacques.
274 Millet, Réné.
275 Du Molinet, Laurent, s. de Guy.
276 De Monby, Edme, s. de Frampas.
277 Du Mont, Claire-Bonaventure Largentier, veuve de Jean du Mont et Jean, son fils.
278 De Montguion, René.
279 De Montigny, Claude de Nampis, veuve du s.
280 Moreau Pierre, s. de la Rochette, Julien, s. de Saint-Levière.
281 Moreau, Adrien, s. de la Motte.
282 Morin, Claude.
283 De Morlon, Jean-Jacques.
284 Mongeot, Nicolas, s. de la Chapelle.
285 Des Mortiers, Louis, s. de Monthault.
286 De Mosny, Jean, s. de Nogent.
287 Du Moulin, s. du Clos.
288 Toussaint le Moyne, Jacques, s. de Turgny et de Mussy.
289 Le Muet, François, Jean, Isaac et Bernard.
290 Nivelle, Jacques.
291 De Noël, Nicolas, s. de Chamfort, assesseur criminel en la sénéchaussée d'Epernay.
292 Le Noir, Samson, s. de Vaucher.
293 Nortat, Jean.
294 De Noue, Robert, s. de Montinvillier.
295 Oudinot, François, demeurt à St-Dizier.
296 Le Page, Henri et Joachim.

297 Paget, André.
298 Paillette, Gaspard, s. de Bebotte-Seroin.
299 Paillot, Nicolas, s. de la Chapelle-St-Luc.
300 De Paris, la veuve de Louis.
381 Pasté, Claude.
302 Le Paute, Pierre, s. des Boulins.
303 De Payen, Claude, Hector et Christophe, s. de
    Courcelles.
304 Pérignon, Nicolas, s. de Germonville.
305 Pernot ou Pernet, Louis, s. de Consaule, greff. de
    Beaufort.
306 Perot, Nicolas, s. d'Ablancourt.
307 Du Perrey, Antoine, s. de la Garde, et Pierre le
    Perrey.
308 Perrin, Pierre et René.
309 Le Pery, Pierre et Antoine, s. de la Chauffye.
310 Du Perron, Cather. de Bonnet, veuve de Phi-
    lippe.
311 Petit, Erard-Louis.
312 De Pheins, Philippe.
313 Piépault ou Pipault, Nicol., s. de Lignol.
314 De Pignay, Jean, bailli de Piney.
315 Du Pin, Pierre.
316 De Pointe, René, s. de Chaudenay.
317 Pitoiset, Jean-Baptiste.
318 De la Place, Christophe, s. de Rougebois.
319 De Poigny, François.
320 De Ponsort, Gaspard, s. de Vaux.
321 De Ponsort, Moïse, Hector, Marie, Philippe et
    Louis de Ponsort, s. d'Areux.

322 De Porchier, Jacques (1).
323 Porlier ou Portier, Agnian.
324 Des Portes, Nicolas.
325 Poterat, Pierre.
326 Potier, Pierre, conseiller au présidial de Chaumont.
327 Pottier, Edme.
328 Du Pré, Noël, prévôt.
329 Quenots ou Quenoult, Louis.
330 Quinot, Eustache, s. de Sainte-Marie (2).
331 De Racine, Michel, s. de Forgerat et Odette de Postel, veuve de Edme de Racine.
332 Ragon, Augustin, s. de Beinge.
333 Raimont, Mathieu.
334 Raulin, Pierre, s. de la Courbe.
335 Raulois, Jacques.
336 Reibault, Jean, s. de St-Jean, capitaine au château de Roche.
337 De Reimbert, Jacques, s. de Thouilly.
338 De Remont, Jacques.
339 Richer, Michel.
340 Riclot, Jacques, s. de Thuilly.
341 Rigoulet, Nicolas.
342 De Robert, Claude de Nampes, s. de Maudigny, veuve de Philippe de Robert.
343 Robin, Jacques, avocat à Reims.
344 Robinière, Philippe.

---

(1) Ne pas la confondre avec Jacques de Porchier, seig. du Claux.
(2) Et non Eustache Quinot, avocat.

345 De la Roche, François.
346 Du Rocher l'aîné, Jacques, s. des Barres.
347 Du Rocher le jeune, Jacques, s. des Barres.
348 Roger, Antoine, garde du corps.
349 Rohault, Louis, s. d'Estrée.
350 Des Rollains, Blaise.
351 Rollot, Claude.
352 Romenay, Louis.
353 Rosnay, François, s. de Marne-la-Maison, Claude de Villiers et Jacques.
354 Le Roux, François, s. de Chervu, *alias* Kervet.
355 Le Roy, J.-Baptiste et Louis.
356 Royer, Louis.
357 Rue, Hierosme, nouveau anobli.
358 De Sacquenay, Jean.
359 Sageot, Jean-Jacques, s. de Broussière.
360 Saillier, Jean.
361 De Saint-Germain, Charles-Eudes.
362 De Sainte-Marie, Bernardin.
363 De Saint-Martin, Philippe.
364 De Saint-Remy, Sébastien, s. de Marison.
365 De Sandras, Louis, s. du Metz (1).
366 Sauvage, Gabriel, bourgeois de Langres, Jean-Baptiste et Nicolas, avocats au parlement.
367 De Sauvé, Julien, s. de Courgeronne.
368 Savé, Jacques, lieutenant-général criminel de robe courte.

(1) Admis dans le *Procès-verbal*, p. 112.

369 De Serrey, Jean, lieutenant du bailliage de Langres.
370 Serval, Nicolas.
371 Sifflet, Nicolas, conseiller du roi, lieutenant criminel de robe courte.
372 Sire Jean Claude-François.
373 De la Tapie, Guillaume, s. de Beloze.
374 Du Tartre, Gaspard.
375 Thévenin, Claude.
376 Thibault, Philippe, avocat en parlement.
377 Thieriat, Florentin.
378 Thierry, Pierre, s. de Vaubert.
379 Tirant, François, porteur de lit et coffre de la
   chambre du roi,
380 Le Tondeur, Jean.
381 Toquart, Jean.
382 Gabriel de la Tranchée.
383 De Trémont, Philippe.
384 De Trouvelle, Eustache.
385 Vaillant, François.
386 Vallers, Augustin.
387 De Vandomois, Léon, s. de Maucreux.
388 Varnier, Claude, sieur de Mafrecourt.
389 De Vauroy, Edme, avocat, Samuel et Léon.
390 Véon, Jean.
391 Du Verger, Claude et Louis.
392 Vernerot, Jean.
393 De Vezier, André, s. d'Artellot.
394 De Vienne, Etienne, s. de la Thuillerie.
395 Viesse, François, demeurant à Gevrolles.

396 De Vieux-Maisons, Josué.

397 De Vignault, Pierre, s. du Haut-Chêne.

398 Vigneron, Claude, s. du Clos.

399 Du Vignon, Noël.

400 De Villerquasar, François.

401 De Vinceguerre, Charles.

402 Vincent, Nicolas.

403 Vinot, François.

404 De Vitel Simon, Ambroise de Longeville, veuve de Simon de Vitel et Georges de Vitel, son fils.

405 Vivre, François, lieutenant de la maréchaussée de Joinville.

406 Le Voyer, Etienne, s. d'Orfeuil (1).

---

(1) Bibliothèque de Troyes, manuscrit 2386. « Boîte contenant 406 bulletins formant la liste alphabétique des familles qui ne purent fournir des preuves de leur noblesse, en Champagne, en 1666. » Ces bulletins ont été écrits de la main même de Laîné, auteur des *Archives généalogiques et historiques de la noblesse de France*, 11 volumes in-8, Paris, 1828-1850.

Il est certain que beaucoup de familles, condamnées par M. de Caumartin, furent maintenues et reçurent des lettres d'anoblissement depuis 1666. Mais on sait que certains commis se montrèrent très-courtois et qu'il en fut jadis des titres de noblesse comme de certaines faveurs, sous le dernier empire.

TABLE DES MATIÈRES

www.ingramcontent.com/pod-product-compliance
Ingram Content Group UK Ltd.
Pitfield, Milton Keynes, MK11 3LW, UK
UKHW021710130726
13696UKWH00004B/1736